中华传统文化瑰宝

二十四节气 春

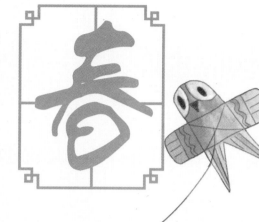

安城娜 主编

编绘制作

赵春秀 靳学涛 卞兰芝 李 想

安杰民 刘小纯 刘 景 靳学斌

金盾出版社

内容提要

二十四节气是中国古代劳动人民通过观测太阳运动规律，结合长期的劳动经验，认识一年中时令、气候、物候变化所形成的知识体系，是我国宝贵的非物质文化遗产。本书以故事为背景，将春季的立春、雨水、惊蛰、春分、清明、谷雨六个节气有关的天文气象、动植物、七十二候、农事安排、民俗文化、古诗谚语等知识呈现出来，引导孩子跟随二十四节气的脚步观察自然界的变化，领略中国传统节气文化的魅力。

图书在版编目(CIP)数据

二十四节气·春 / 安城娜主编. —北京 ：金盾出版社，2019.1
（中华传统文化瑰宝）
ISBN 978-7-5186-1550-6

Ⅰ. ①二… Ⅱ. ①安… Ⅲ. ①二十四节气—儿童读物 Ⅳ. ①P462-49

中国版本图书馆CIP数据核字(2018)第249736号

金盾出版社出版、总发行
北京太平路5号(地铁万寿路站往南)
邮政编码：100036　电话：68214039　83219215
传真：68276683　网址：www.jdcbs.cn
北京凌奇印刷有限责任公司印刷、装订
各地新华书店经销
开本：889×1194　1/16　印张：2.5
2019年1月第1版第1次印刷
印数：1～5 000册　定价：14.00元

立春

元日

宋·王安石

爆竹声中一岁除，
春风送暖入屠苏。
千门万户曈曈日，
总把新桃换旧符。

kuài guò nián le　cūn li dào chù yáng yì zhe xǐ qìng de qì fēn
快过年了，村里到处洋溢着喜庆的气氛。

zǎo chen　wài pó cuī cù dào　tè tè　fēi fēi kuài qǐ chuáng　yào dǎ chūn la　zhè ge shí jiān dāi zài chuáng shang yī nián dōu huì bù jiàn kāng
早晨，外婆催促道：“特特、菲菲快起床，要打春啦！这个时间待在床上一年都会不健康。”

fēi fēi yī gū lu zuò qǐ lái wèn　zhēn de ma
菲菲一骨碌坐起来问：“真的吗？”

tè tè róu zhe yǎn jing shuō　wài pó yòu kāi shǐ mí xìn le
特特揉着眼睛说：“外婆又开始迷信了！”

wài pó dà xiào zhe shuō　kuài qǐ chuáng chī fàn la
外婆大笑着说：“快起床吃饭啦！”

立春

立春，“立”是开始的意思，立春就是春天的开始。时间大概在 2 月 3 日～5 日之间。从立春这一天到立夏的这段期间都被称为春天。立春这天有鞭打春牛的习俗，所以，也叫“打春”。立春这天吃春饼和春卷，称为咬春。

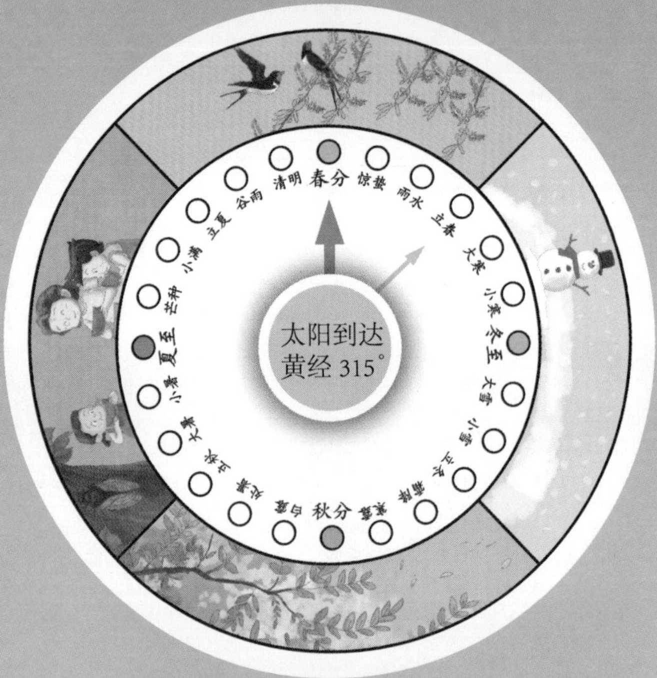

※ 记录 ※

请你记录下今年立春的时间和气温。

今年立春的时间是：

□□□□年

□□月□□日

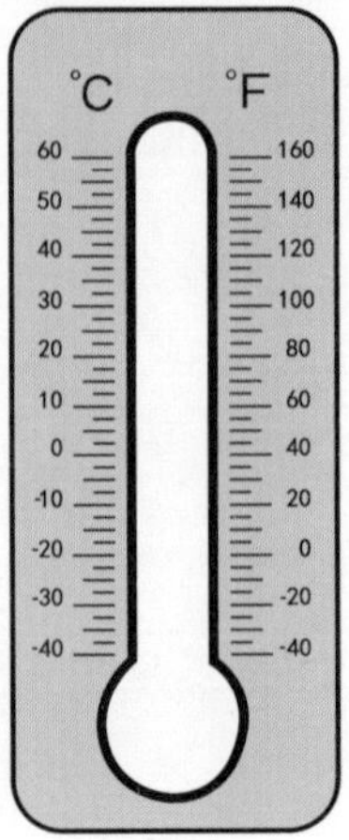

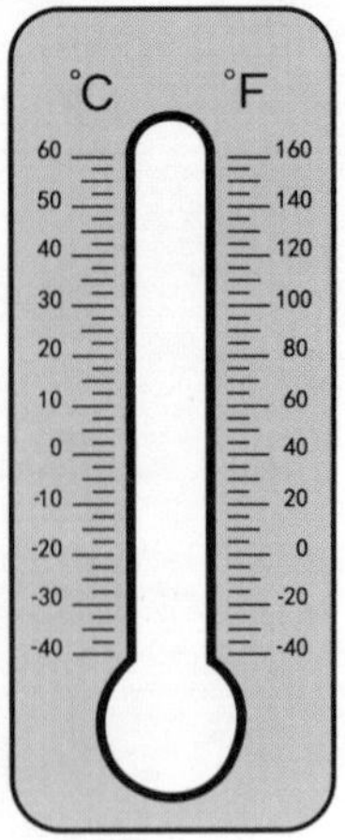

最高气温：_____°C　　最低气温：_____°C

※ 迎春花开 ※

迎春花具有不畏寒威、不择风土、适应性强的特点，因其在百花之中开花最早，花后即迎来百花齐放的春天而得名。

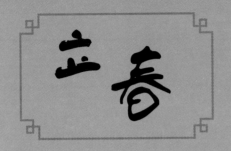

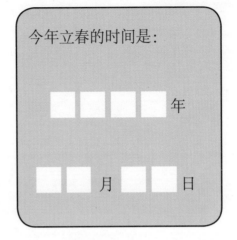

※ 谚语 ※

立春一年端，

种地早盘算。

zǎo cān wài pó zuò de zhá chūnjuǎn chūnbǐng zhōu hé xiǎo cài
早餐，外婆做的炸春卷、春饼、粥和小菜。

wā zhá chūnjuǎn fēi fēi pāi zhe shǒushuō wǒ zuì xǐ huan chī zhá chūnjuǎn le
“哇，炸春卷！”菲菲拍着手说，“我最喜欢吃炸春卷了。”

hái yǒu wǒ xǐ huan chī de chūnbǐng tè tè shēnshǒu ná qǐ yī gè juǎnhǎo de chūnbǐng dà kǒu de chī le qǐ lái
“还有我喜欢吃的春饼！”特特伸手拿起一个卷好的春饼，大口地吃了起来。

立春三候

初候，东风解冻
二候，蛰虫始振
三候，鱼陟负冰

※ 初候：东风解冻 ※

立春后开始刮东风。“东风送暖”，冰雪融化，大地开始解冻。

※ 二候：蛰虫始振 ※

气温回升，大地解冻，冬眠的小动物们也感受到了暖意，时不时地动动身子，快要苏醒了。

※ 三候：鱼陟负冰 ※

河底的小鱼感受到了春天的暖意，从水底向上游动到了靠近冰面的地方。

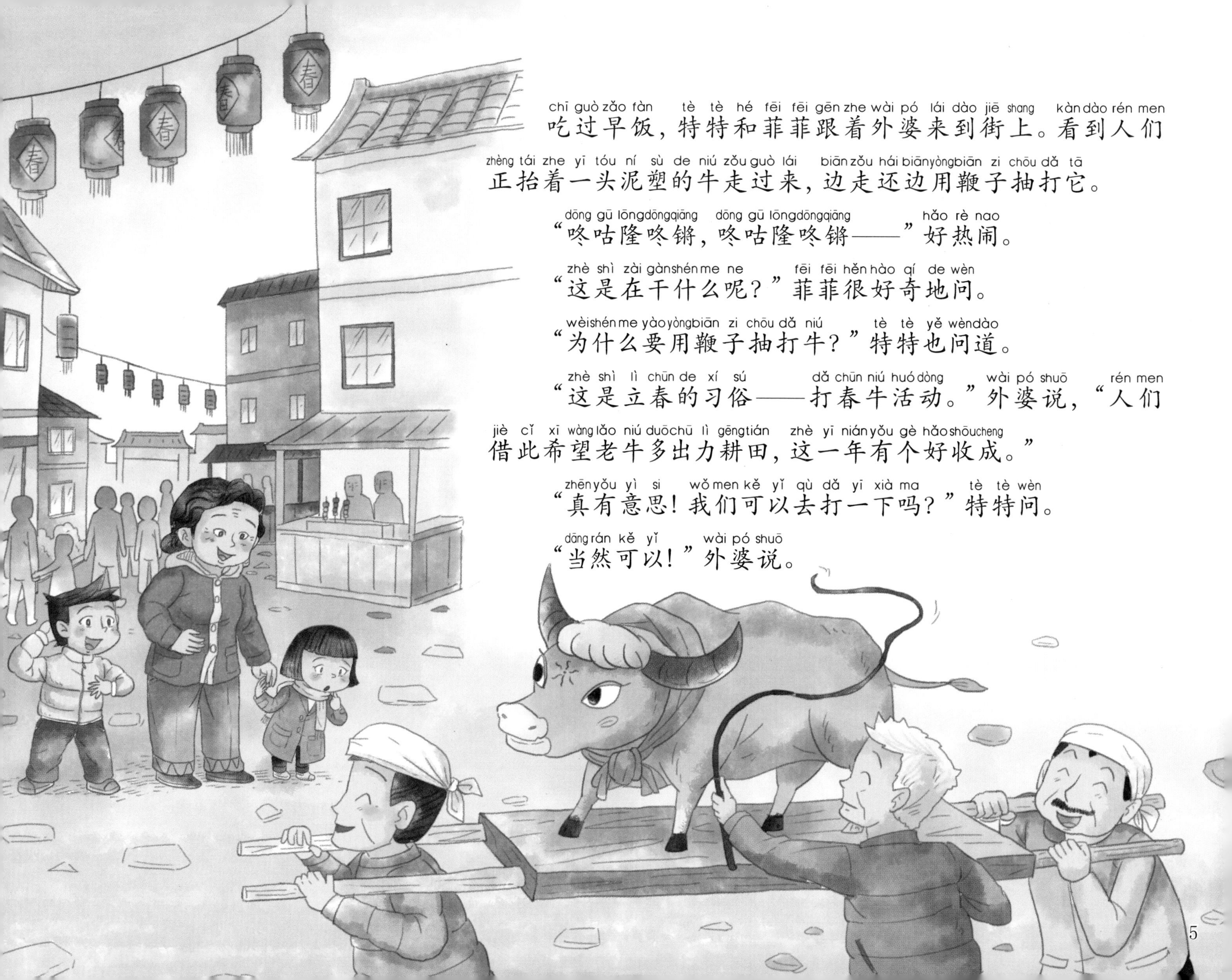

chī guò zǎo fàn　tè tè hé fēi fēi gēn zhe wài pó lái dào jiē shang　kàn dào rén men
吃过早饭，特特和菲菲跟着外婆来到街上。看到人们
zhèng tái zhe yī tóu ní sù de niú zǒu guò lái　biān zǒu hái biān yòng biān zi chōu dǎ tā
正抬着一头泥塑的牛走过来，边走还边用鞭子抽打它。

dōng gū lōng dōng qiāng　dōng gū lōng dōng qiāng　hǎo rè nao
“咚咕隆咚锵，咚咕隆咚锵——”好热闹。

zhè shì zài gàn shén me ne　fēi fēi hěn hào qí de wèn
“这是在干什么呢？”菲菲很好奇地问。

wèi shén me yào yòng biān zi chōu dǎ niú　tè tè yě wèn dào
“为什么要用鞭子抽打牛？”特特也问道。

zhè shì lì chūn de xí sú　dǎ chūn niú huó dòng　wài pó shuō　rén men
“这是立春的习俗——打春牛活动。”外婆说，“人们
jiè cǐ xī wàng lǎo niú duō chū lì gēng tián　zhè yī nián yǒu gè hǎo shōu cheng
借此希望老牛多出力耕田，这一年有个好收成。”

zhēn yǒu yì si　wǒ men kě yǐ qù dǎ yī xià ma　tè tè wèn
“真有意思！我们可以去打一下吗？”特特问。

dāng rán kě yǐ　wài pó shuō
“当然可以！”外婆说。

※ 春节 ※

人们把农历正月初一定为“春节”，把农历的最后一天定为“除夕”。春节是我国最隆重的节日，外出工作的人们不管多远都会赶回家和家人团聚。

※ 贴春联 ※

过春节，家家户户都会在门口贴上春联，辞旧迎新，增添节日的喜庆气氛。

※ 放鞭炮 ※

放鞭炮的习俗始于一个关于“年”兽的传说。据说这个怪兽一到农历的新年就会跑到村里吃牛、马、羊等，甚至还会吃人。百姓们经过神仙的指点学会了用烧竹子发出“噼噼啪啪”的声音来吓跑“年”兽，后来逐渐演变成了过年放鞭炮的习俗。

雨水

初春小雨

唐·韩愈

天街小雨润如酥，
草色遥看近却无。
最是一年春好处，
绝胜烟柳满皇都。

zhè ge shí jié fēi cháng shì hé chūn gēng tián li de rén men yǒu de zài gēng dì
这个时节非常适合春耕，田里的人们有的在耕地，
yǒu de zài shī féi zhēn shì yī piàn fán máng de jǐng xiàng
有的在施肥，真是一片繁忙的景象。

zǎo chen tiān kōng xī xī lì lì de piāo qǐ le xì yǔ
早晨，天空淅淅沥沥地飘起了细雨。

chūn yǔ guì rú yóu a wài gōng shuō
“春雨贵如油啊！”外公说。

yǔ zěn me huì bǐ yóu guì ne fēi fēi wèn
“雨怎么会比油贵呢？”菲菲问。

hā hā hā chūn yǔ guì rú yóu shì shuō chūn yǔ bǎo guì nán dé yīn
“哈哈哈，‘春雨贵如油’是说春雨宝贵、难得。因
wèi dào le chūn tiān tián li yào shī féi bō zhǒng dōng xiǎo mài yào fǎn qīng yóu cài yào
为到了春天，田里要施肥、播种，冬小麦要返青，油菜要
chōu tái zhèng shì xū yào yǔ shuǐ lái guàn gài de shí hou wài gōng jiě shì dào
抽薹，正是需要雨水来灌溉的时候。”外公解释道。

雨水

雨水是反映降水现象的节气，时间在2月18日～20日之间。到了雨水节气，气温大都回升到了0℃左右，雪花纷飞的天气渐渐消失，下雨天逐渐增多。这时候气温变化不定，乍暖还寒，容易感冒，所以，人们还要注意保暖。

※ 记录 ※

请你记录下今年雨水的时间和气温。

今年雨水的时间是：

□□□□年

□□月□□日

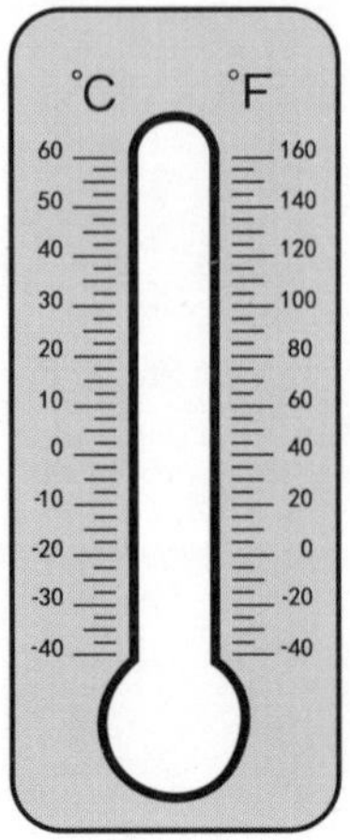

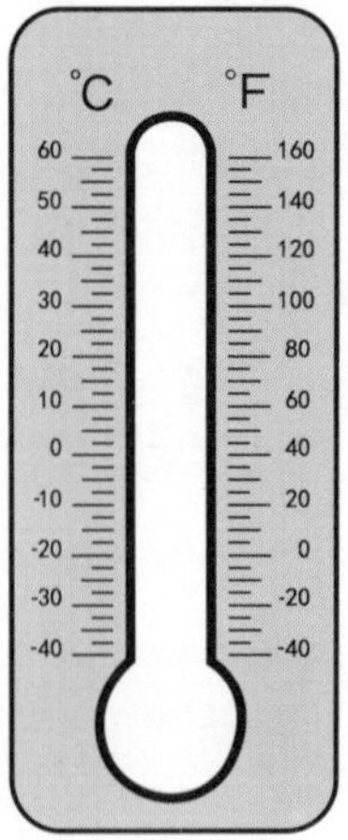

最高气温：____℃　最低气温：____℃

※ 杏花开 ※

杏花有变色的特点，含苞待放时红艳艳的；花开时随着花瓣的伸展，红色渐渐变淡；花落时就会变成像雪一样的白色。

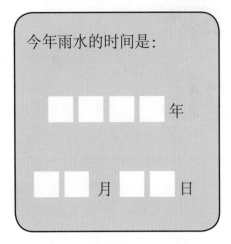

※ 谚语 ※

雨水到来地解冻，
化一层来耙一层。

kuài dào zhōng wǔ le tè tè chuān zhe yǔ pī zhàn zài mén kǒu yī
快到中午了，特特穿着雨披站在门口，一
liǎn dān xīn de wàng zhe yuǎn chù
脸担心地望着远处。

tè tè nǐ zěn me bù jìn wū wài pó hǎn
“特特，你怎么不进屋？”外婆喊。

wǒ zài děng bà ba mā ma tè tè shuō xià yǔ le
“我在等爸爸、妈妈。”特特说，“下雨了，
tā men hái huí lái ma
他们还回来吗？”

kěn dìng huì huí lái de wài pó shuō yīn wèi jīn tiān shì
“肯定会回来的。”外婆说，“因为今天是
yǔ shuǐ jié qì yǒu jià chū qù de nǚ ér huí niáng jiā de xí sú
雨水节气，有嫁出去的女儿回娘家的习俗。”

雨水三候

初候，獭祭鱼
二候，鸿雁北
三候，草木萌动

※ 初候：獭祭鱼 ※

河里的冰解冻了，鱼儿游到水面上来。水獭趁机开始捕鱼了，它们捕捉到鱼后会将捕获的鱼排列在岸边，似乎是要先祭拜一番后再享用。

※ 二候：鸿雁北 ※

天气渐渐暖和，大雁从南方飞回北方，像是在告诉人们春天真的来啦！

※ 三候：草木萌动 ※

一场春雨过后，嫩绿的小草从土里钻出来，树木也开始发芽了。

“爸爸、妈妈来啦！爸爸、妈妈来啦！”特特高兴地喊道。

“妈妈，你拎的什么？”特特指着妈妈拎的一个小罐子问。

“是罐罐肉。”妈妈说，“为了感谢你们的外公、外婆对我的养育之恩而准备的礼物。”

“爸爸，你怎么搬两把椅子？”菲菲疑惑不解，“难道是怕外婆不给你们椅子坐吗？”

“哈哈哈，雨水节气这天女婿要带着椅子来给岳父、岳母接寿，意思是祝岳父、岳母长命百岁。”爸爸笑着说。

※ 元宵节 ※

元宵节一般在雨水前后，是一个非常隆重的节日。这一天的传统习俗是闹花灯、放烟花、猜灯谜、吃元宵等，有的地方还有舞龙、舞狮、踩高跷、扭秧歌等表演活动。过了元宵节才算真正过完年。

※ 吃元宵 ※

元宵节这一天，人们有吃元宵的习俗。元宵由糯米制成，馅有豆沙、枣泥、花生、山楂等各种口味，可以煮着吃，也可以蒸着或炸着吃。

※ 猜灯谜 ※

把谜语写在纸条上，贴在五光十色的彩灯上让人们来猜，是中国独有的、富有民族风格的一种传统民俗文娱活动。

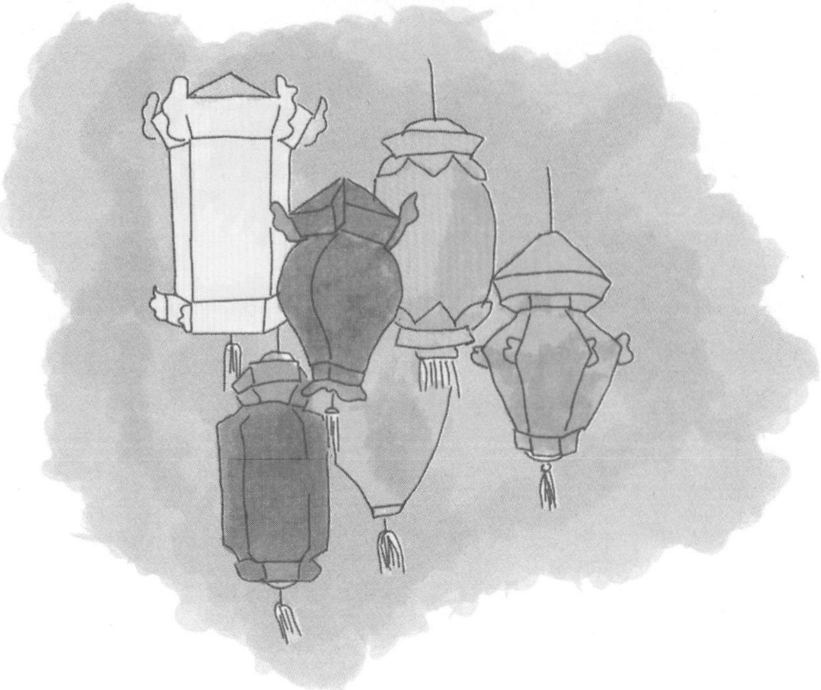

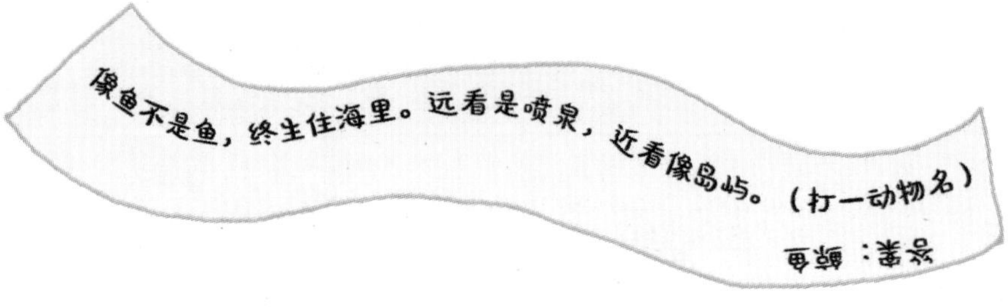
像鱼不是鱼，终生住海里。远看是喷泉，近看像岛屿。（打一动物名）
谜底：鲸鱼

惊蛰

春晴泛舟

宋·陆游

儿童莫笑是陈人，
湖海春回发兴新。
雷动风行惊蛰户，
天开地辟转鸿钧。
鳞鳞江色涨石黛，
嫋嫋柳丝摇麴尘。
欲上兰亭却回棹，
笑谈终觉愧清真。

yí tǔ zěn me zài dòng fēi fēi dūn zài tián biān zì yán zì yǔ de shuō wā yuán
“咦？土怎么在动？”菲菲蹲在田边自言自语地说，“哇，原
lái shì yī tiáo qiū yǐn cóng tǔ xià miàn pá chū lái le tā yào dào nǎr qù ne
来是一条蚯蚓从土下面爬出来了。它要到哪儿去呢？”

hōnglōnglōng hōnglōnglōng dǎ léi le
“轰隆隆——轰隆隆——”打雷了。

fēi fēi kuàidiǎn guò lái yào xià yǔ le wǒ men huí jiā ba tè tè hǎn dào
“菲菲，快点过来，要下雨了，我们回家吧。”特特喊道。

惊蛰

“惊”是惊醒的意思，“蛰”是藏的意思，“惊蛰”就是春雷把冬眠的动物惊醒了。时间在3月5日～6日左右。惊蛰以后天气转暖，蛰伏在地下冬眠的动物陆续从洞里爬出来。春雷打响，雨水增多，进入了繁忙的春耕季节。

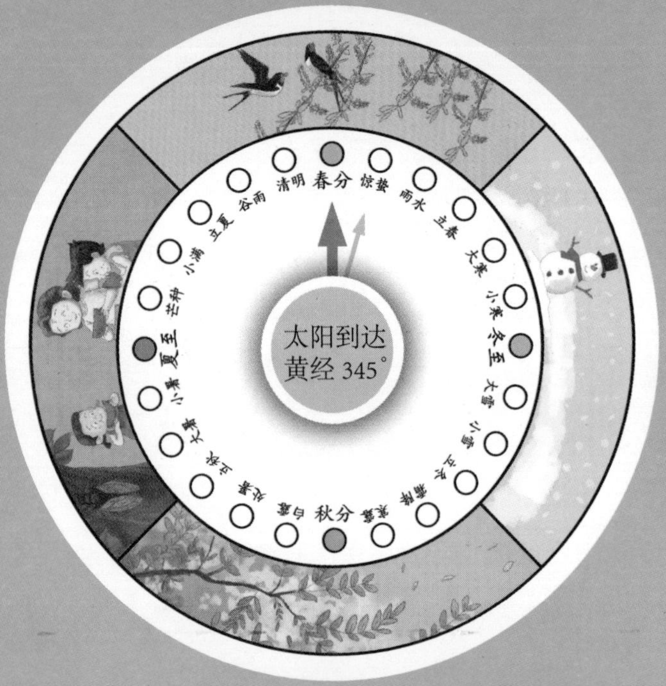

※ 记录 ※

请你记录下今年惊蛰的时间和气温。

今年惊蛰的时间是：

□□□□年

□□月□□日

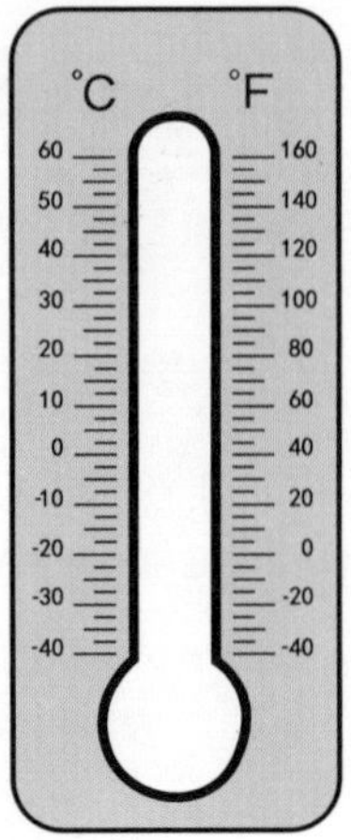

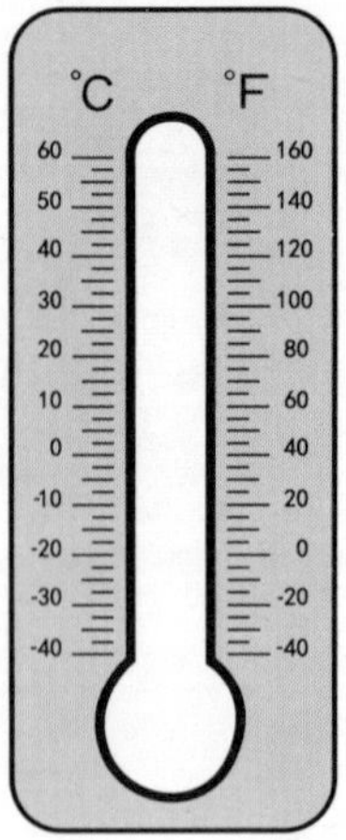

最高气温：____℃　最低气温：____℃

※ 春雷响，万物长 ※

“春雷响，万物长”。惊蛰时节气温回升，雨水增多，正是田间农作物萌发的好时节。惊蛰前后之所以雷声渐起是因为天气回暖，大地湿度和温度逐渐升高，促使接近地面的暖湿空气上升，和高空的冷空气相互碰撞，就形成了雷电。

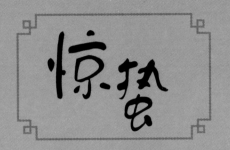

※ 谚语 ※

惊蛰节到闻雷声，
震醒蛰伏越冬虫。

hōnglōnglōng hōnglōnglōng
“轰隆隆——轰隆隆——”

léi shēng yuè lái yuè dà fēi fēi hěn hài pà
雷声越来越大，菲菲很害怕。

wài pó wǒ pà fēi fēi wǔ zhe ěr duo shuō dào
“外婆，我怕。”菲菲捂着耳朵说道。

wài pó lōu zhe fēi fēi shuō bù yào pà gǔ shí hou de rén men shuō
外婆搂着菲菲说：“不要怕，古时候的人们说

jīng zhé dǎ léi shì zài jiào xǐng dōng mián de xiǎo dòng wù ne
惊蛰打雷是在叫醒冬眠的小动物呢！”

zhēn de ma fēi fēi wèn
“真的吗？”菲菲问。

zhèng hǎo zhè ge shí hou tiān qì yě nuǎn huo le dōng mián de xiǎo dòng
“正好这个时候天气也暖和了，冬眠的小动

wù yě gāi shuì xǐng le wài pó xiào zhe shuō
物也该睡醒了！”外婆笑着说。

惊蛰三候

初候，桃始华
二候，仓庚鸣
三候，鹰化为鸠

※ 初候：桃始华 ※

天气越来越暖和，桃花开了，阵阵花香吸引着蝴蝶和蜜蜂都来采蜜。

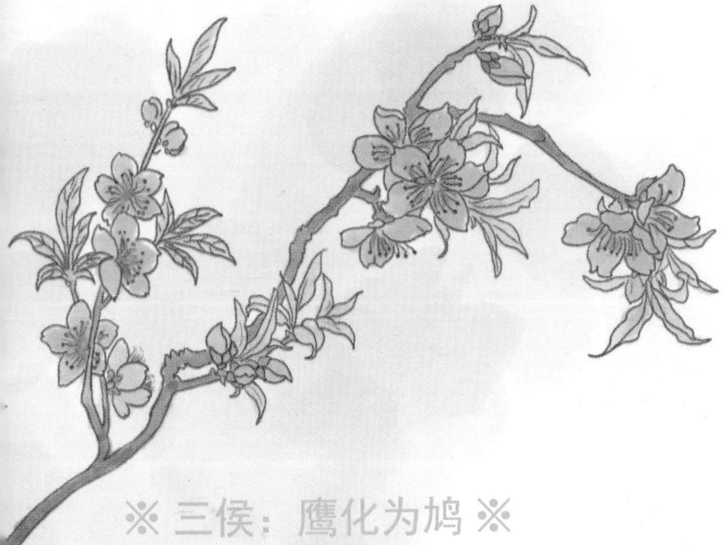

※ 二候：仓庚鸣 ※

仓庚，指黄鹂鸟，羽毛很漂亮，鸣叫声十分婉转。惊蛰前后，黄鹂鸟会飞出来鸣叫。

※ 三候：鹰化为鸠 ※

鸠，指布谷鸟。惊蛰前后，原本活跃的鹰会躲到窝里繁殖，而布谷鸟恰在此时出来鸣叫。因此，古人以为惊蛰过后老鹰就变成了布谷鸟。

tè tè fēi fēi lái chī lí la wài pó duān zhe yī pán xǐ hǎo de
“特特、菲菲，来吃梨啦！”外婆端着一盘洗好的
lí hǎn dào
梨喊道。

wǒ bù xiǎng chī lí fēi fēi shuō wǒ xiǎng chī píng guǒ
“我不想吃梨！”菲菲说，“我想吃苹果。”

jīng zhé shì yào chī lí de wài pó shuō
“惊蛰是要吃梨的！”外婆说。

wèi shén me tè tè ná qǐ yī gè lí yǎo le yī kǒu wèn dào
“为什么？”特特拿起一个梨咬了一口问道。

jīng zhé chī le lí yù fáng ké sou wài pó shuō
“惊蛰吃了梨预防咳嗽。”外婆说。

nà wǒ yě chī yī gè fēi fēi shēn shǒu zài pán zi li ná le yī gè
“那我也吃一个。”菲菲伸手在盘子里拿了一个
lí chī le qǐ lái
梨吃了起来。

※ 二月二 ※

农历二月初二，一般在惊蛰前后。二月初二，传说是天上兴云布雨的龙抬头的日子，是中国的一个传统节日。

※ 故事传说 ※

传说，龙王犯了天规，玉帝把他压在了山下，并下令金豆开花时，他才能重新登上灵霄宝殿。没有龙王降雨，人间闹起了旱灾。农历二月初二，人们在翻晒种子时觉得玉米很像金豆，想到了将玉米炒开花的方法救龙王。大家纷纷在院子里设案焚香，把炒开花的玉米当作开花的“金豆”供上。玉帝只好诏龙王回到天庭，继续给人间兴云布雨。

※ 理发 ※

我国北方流行在农历二月初二这一天理发,叫“剃龙头”。

春分

咏柳

唐·贺知章

碧玉妆成一树高，
万条垂下绿丝绦。
不知细叶谁裁出，
二月春风似剪刀。

chī guò zǎo fàn tè tè hé fēi fēi lái dào tián yě li fàng fēng zheng
吃过早饭，特特和菲菲来到田野里放风筝。

jīn tiān fàng fēng zheng de rén kě zhēn duō ya fēi fēi shuō
“今天放风筝的人可真多呀！”菲菲说。

shì a yīn wèi jīn tiān shì chūn fēn jié qì tè tè shuō wài pó shuō jīn tiān yǒu fàng fēng zheng de fēng sú
“是啊，因为今天是春分节气。”特特说，“外婆说今天有放风筝的风俗。”

yào shi wài gōng lái hé wǒ men yī qǐ fàng fēng zheng gāi duō hǎo ya fēi fēi shuō
“要是外公来和我们一起放风筝该多好呀！”菲菲说。

wài gōng zhèng zài máng zhe gěi mài tián jiāo shuǐ ne chūn fēn kě shì gè fán máng de jié qì tè tè shuō dào
“外公正在忙着给麦田浇水呢！春分可是个繁忙的节气。”特特说道。

春分

春分，时间在 3 月 20 日～21 日左右。到了这一天就意味着春天过了一半了。春分时节，我国北方大部分地区都进入了温暖的春天，在辽阔的大地上杨柳青青、草长莺飞，到处都是春光美好的景象。

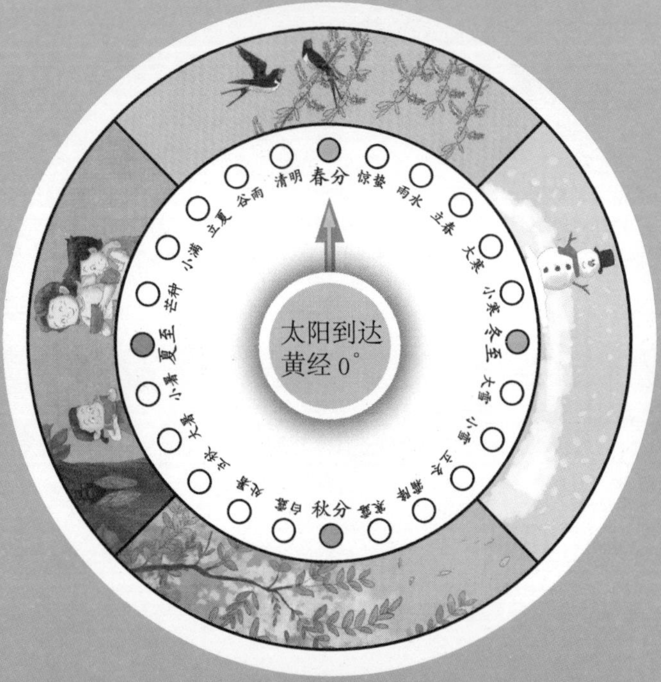

※ 记录 ※

请你记录下今年春分的时间和气温。

今年春分的时间是：

□□□□年

□□月□□日

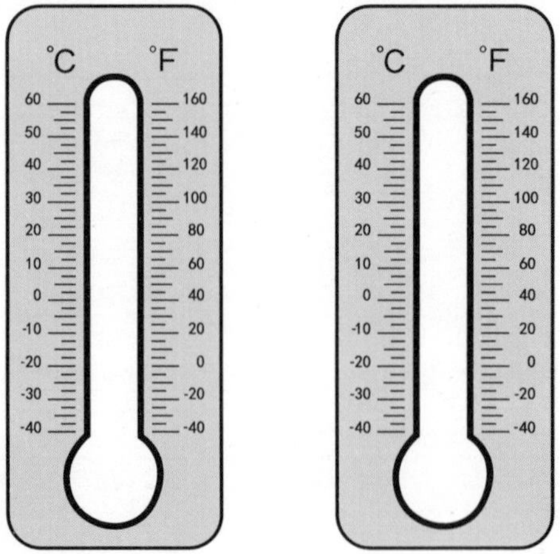

最高气温：_____℃　　最低气温：_____℃

※ 海棠花开 ※

春分这个节气到来的时候，四处弥漫着勃勃生机。一场春雨一场暖，正是海棠开花争艳的时节。

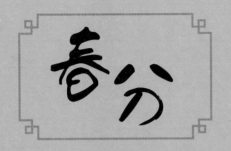

※ 谚语 ※

吃了春分饭，
一天长一线。

傍晚，特特和菲菲坐在门口等爸爸、妈妈下班回家。

“天快黑了，爸爸、妈妈怎么还没回来呢？”菲菲有点焦急地说。

特特见菲菲有点想哭，赶紧转移她的注意力说：“菲菲，你知道吗？今天是春分，今天的白天和夜晚一样长。从明天起，白天会越来越长，夜晚会越来越短。这样，以后爸爸、妈妈下班回家的时候天还是亮着的。”

“那太好了！”菲菲破涕为笑。

春分三候

初候，玄鸟至
二候，雷乃发声
三候，始电

※ 初候：玄鸟至 ※

玄鸟，指燕子。天气变暖，燕子从南方飞回北方，在屋檐下飞来飞去，啾啾鸣叫。

※ 二候：雷乃发声 ※

天空的云层活动频繁，互相碰撞，响起轰隆隆的雷声。

※ 三候：始电 ※

伴随着闪电和雷鸣，大雨倾盆而至。

fēi fēi nǐ lái kàn wǒ bǎ jī dàn shù zhe fàng qǐ lái le tè tè xīng fèn de hǎn dào tā bǎi nòng le yī gè zǎo chen zhōng yú
“菲菲，你来看，我把鸡蛋竖着放起来了！”特特兴奋地喊道。他摆弄了一个早晨，终于

bǎ yī méi jī dàn chénggōng de shù zhe fàng zài le zhuō zi shang
把一枚鸡蛋成功地竖着放在了桌子上。

wā gē ge hǎo lì hai fēi fēi pāi zhe shǒu jiào dào wǒ yě xiǎng wán zhè ge yóu xì
“哇！哥哥好厉害。”菲菲拍着手叫道，“我也想玩这个游戏。”

hǎo ya wǒ lái jiāo nǐ tè tè shuō
“好呀！我来教你。”特特说。

※ 竖蛋游戏 ※

在每年春分的这一天，很多人都会玩“竖蛋”的游戏。玩法：选择一个匀称的鸡蛋，大头朝下放在桌子上，把它竖起来就代表成功了。有人说春分这天太阳直射赤道，南、北半球的太阳引力均衡，所以，容易把鸡蛋竖起来。也有人说这种说法不科学，因为鸡蛋看似光滑的表面上有许多细小的凸起，三个凸起就能够支撑起鸡蛋，轻轻地放在桌子上，鸡蛋就竖起来了。

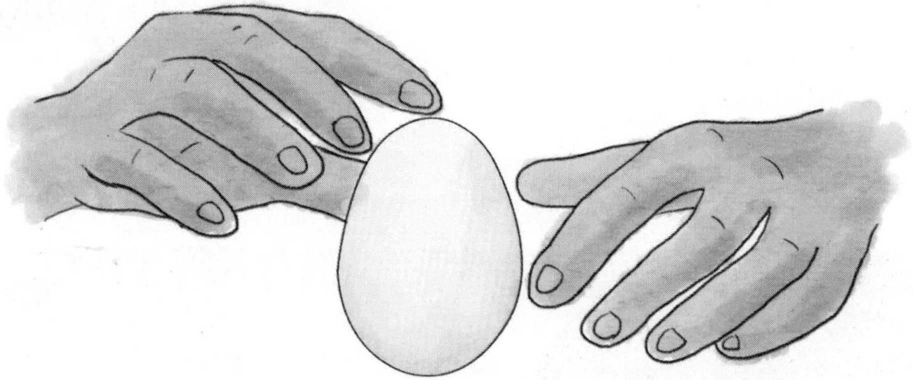

※ 春耕忙 ※

春分节气，正值农作物拔节的时候，人们在田里忙着施肥、灌溉、除草、除虫。

jīn tiān shì qīngmíng jié tè tè fēi fēi gēn
今天是清明节，特特、菲菲跟
zhe bà ba lái dào cūn wài de shān pō shangsǎo mù
着爸爸来到村外的山坡上扫墓。

"zhè shì shéi de fén mù" fēi fēi wèn
“这是谁的坟墓？”菲菲问。

"shì nǐ tài yé ye de fén mù" bà ba
“是你太爷爷的坟墓。”爸爸
bǎ jú huā hé gòngpǐn fàng zài mù bēi qiánshuōdào
把菊花和贡品放在墓碑前说道。

"tài yé ye shì shéi" fēi fēi wèn
“太爷爷是谁？”菲菲问。

"jiù shì bà ba de yé ye" tè tè qiǎng
“就是爸爸的爷爷。”特特抢
zhe huí dá dào, "yě kě yǐ jiàozēng zǔ fù"
着回答道，“也可以叫曾祖父。”

清明

清明

唐·杜牧

清明时节雨纷纷，
路上行人欲断魂。
借问酒家何处有？
牧童遥指杏花村。

清明

清明节，时间在4月4日～6日左右，是中国传统的节日，也是祭祖和扫墓的日子。清明时节，自然界到处呈现出一派生机勃勃的景象，正是郊游的大好时光。

※ 记录 ※

请你记录下今年清明的时间和气温。

今年清明的时间是:

□□□□年

□□月□□日

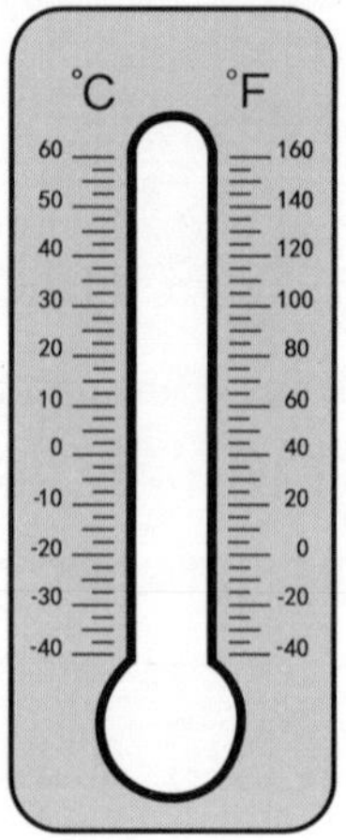

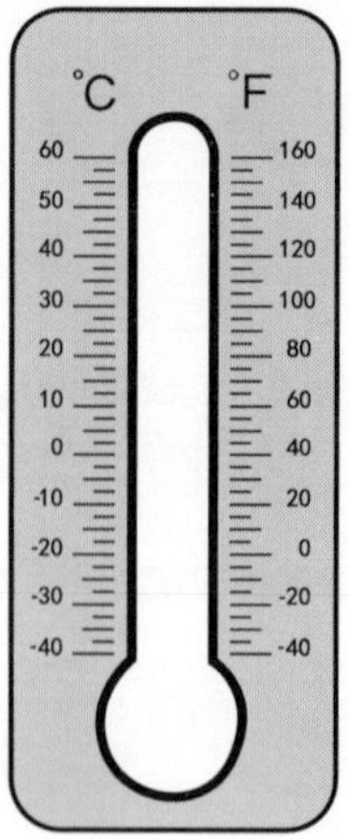

最高气温:____°C　最低气温:____°C

※ 麦花、柳花开 ※

清明以后天气迅速回暖，柳树花、麦花相继开放，提示着人们柳树成荫，收谷打麦的夏季就要来了。

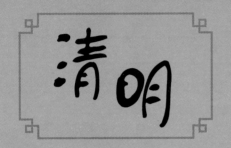

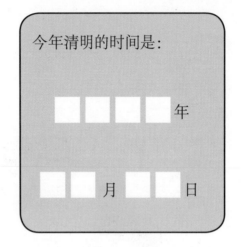

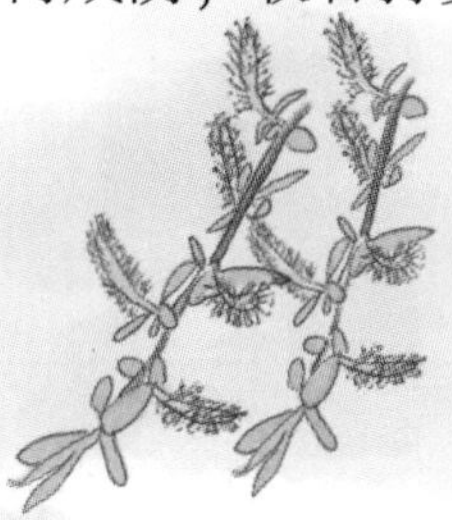

※ 谚语 ※

雨打清明前，

春雨定频繁。

sǎo wán mù tè tè fēi fēi hé bà ba zuò zài yī kē liǔ shù xià xiū xi bà
扫完墓，特特、菲菲和爸爸坐在一棵柳树下休息。爸
ba jiǎng le yī gè gù shi xiāngchuán chūn qiū shí qī jiè zǐ tuī suí chóng ěr táo wáng lù
爸讲了一个故事：相传，春秋时期，介子推随重耳逃亡。路
shang chóng ěr è yùn le guò qù jiè zǐ tuī cóng zì jǐ de tuǐ shang gē xià le yī kuài ròu zuò
上，重耳饿晕了过去，介子推从自己的腿上割下了一块肉做
le wǎn tāng gěi chóng ěr chī le xià qù hòu lái chóng ěr huí guó zuò le jìn wén gōng jiè zǐ
了碗汤给重耳吃了下去。后来，重耳回国做了晋文公，介子
tuī bù qiú gāo guān lì lù yǔ mǔ qin yǐn jū zài mián shān jìn wén gōng qǐ yòng jiè zǐ tuī
推不求高官利禄，与母亲隐居在绵山。晋文公启用介子推
xīn qiè xià lìng fàng huǒ shāo shān bī jiè zǐ tuī chū lái kě shì jiè zǐ tuī jiān jué bù chū
心切，下令放火烧山逼介子推出来。可是，介子推坚决不出
lái yǔ mǔ qin yī qǐ shāo sǐ zài yī kē dà liǔ shù xià jìn wén gōng shí fēn shāng xīn xià
来，与母亲一起烧死在一棵大柳树下。晋文公十分伤心，下
lìng bǎ fàng huǒ shāo shān de zhè yī tiān dìng wéi hán shí jié jìn yān huǒ chī lěng shí
令把放火烧山的这一天定为寒食节，禁烟火、吃冷食。

清明三候

初候，桐始华
二候，田鼠化为鴽
三候，虹始见

※ 初候：桐始华 ※

泡桐花在清明时节应时而开，是春、夏更替之际的重要物候。

※ 二候：田鼠化为鴽（rú）※

鴽，指鹌鹑，是一种小鸟，每年清明前后开始大量繁殖。而此时的田鼠害怕阳光照射常常躲在洞里，古人误以为田鼠变成鹌鹑出来活动了。

※ 三候：虹始见 ※

彩虹是空中的小水滴经阳光照射发生折射和反射作用而形成的红、橙、黄、绿、蓝、靛、紫七种颜色的圆弧。清明时节雨水增多，雨后天晴时空气中水汽很多，容易形成彩虹。

tè tè fēi fēi nǐ menxiǎng chī qīngmíngguǒ ma mā ma wèn
“特特、菲菲，你们想吃清明果吗？”妈妈问。

qīngmíngguǒ shì shén me guǒ zi shì shù shangzhǎng de ma fēi fēi wèn
“清明果是什么果子？是树上长的吗？”菲菲问。

qīng míng guǒ shì bǎ ài yè dǎo làn jǐ chū lái de zhī huó zài mǐ fěn li bàn yún róu chéng pí rán hòu bāo shàng xiàn zuò chéng de bù shì zhǎng zài shù shang de shuǐ guǒ mā ma xiào zhe shuō xiǎng bu xiǎng hé mā ma yī qǐ zuò
“清明果是把艾叶捣烂挤出来的汁和在米粉里拌匀、揉成皮，然后包上馅做成的。不是长在树上的水果。”妈妈笑着说，“想不想和妈妈一起做？”

hǎo ya tè tè hé fēi fēi yì kǒutóngshēng de shuōdào
“好呀！”特特和菲菲异口同声地说道。

※ 扫墓祭祖 ※

清明节前后，人们有上坟扫墓祭祖的习俗：铲除坟前杂草，放上供品，在坟前上香、燃烧纸钱，或简单地献上一束鲜花，以寄托对先人的哀思。

※ 踏青 ※

清明节前后，正是春回大地之时。一家老小扫墓祭祖后在户外游玩一番，观赏春色，叫作“踏青”。也有人特意在清明节期间到郊外游玩，欣赏生机勃勃的春日景象，这种踏青也叫春游。

※ 插柳 ※

清明节是杨柳发芽抽绿的时节，我国民间有折柳、戴柳、插柳的习俗。人们踏青时顺手折下几枝柳条，编成圈戴在头上，或带回家插在门上或屋檐上。这个习俗虽然有着很多版本的典故源流，但现今主要是人们以此表达对春回大地的喜悦之情。

谷雨

wài pó jiā de wū hòu miàn yǒu yī xiǎo kuài kòng dì
外婆家的屋后面有一小块空地，
wài pó dǎ suàn zài dì li zhòng yī xiē huā shēng
外婆打算在地里种一些花生。

bō zhòng zhè tiān tè tè hé fēi fēi yě gēn zhe lái
播种这天特特和菲菲也跟着来
bāng máng le tè tè yòng xiǎo tiě qiāo wā kēng fēi fēi wǎng
帮忙了。特特用小铁锹挖坑，菲菲往
lǐ miàn fàng huā shēng zhǒng zi rán hòu tā men liǎ zài yī qǐ
里面放花生种子，然后他们俩再一起
yòng tǔ bǎ zhǒng zi mái hǎo
用土把种子埋好。

zhēn yǒu yì si fēi fēi fēi cháng kāi xīn
“真有意思！”菲菲非常开心。

tè tè bù kēng shēng tā zài xiǎng yòng bù liǎo duō jiǔ
特特不吭声，他在想用不了多久
zhè xiē zhǒng zi jiù fā yá zhǎng dà kāi huā jiē guǒ
这些种子就发芽、长大、开花、结果
le dào shí hou tā men jiù huì shōu huò hǎo duō hǎo duō de
了，到时候他们就会收获好多好多的
huā shēng
花生。

晚春

唐·韩愈

草树知春不久归，
百般红紫斗芳菲。
杨花榆荚无才思，
惟解漫天作雪飞。

谷雨

谷雨，时间在4月19日～21左右，是春季最后一个节气。这个节气的到来意味着寒潮天气基本结束，气温回升加快，大大有利于谷类农作物的生长。

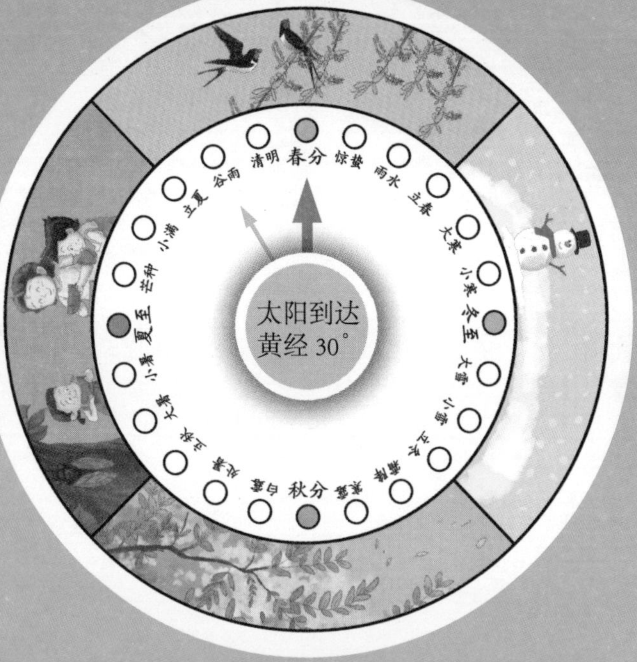

※ 记录 ※

请你记录下今年谷雨的时间和气温。

今年谷雨的时间是：

□□□□年

□□月□□日

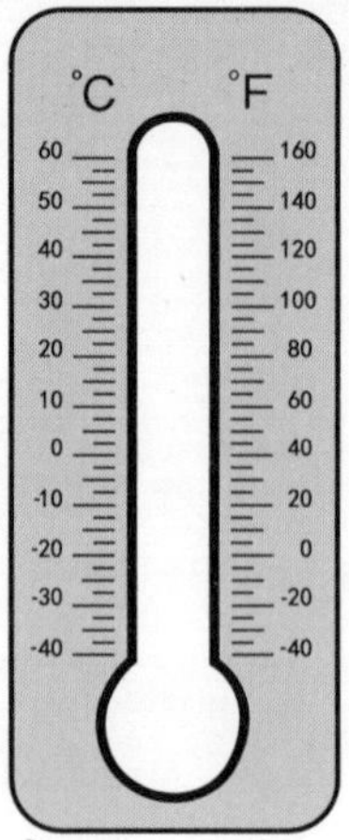

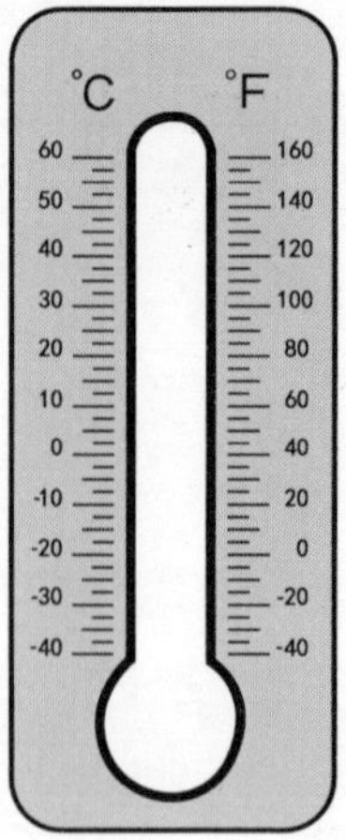

最高气温：_____℃　　最低气温：_____℃

※ 雨生百谷 ※

谷雨时节气候温暖，雨量充足，大大有利于谷类作物的生长。

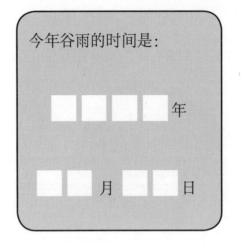

※ 谚语 ※

谷雨前后，种瓜点豆。

tè tè hé fēi fēi kàndào bù yuǎnchù de shān pō shang yǒu yī dà piàn mǔ dan huā tián
特特和菲菲看到不远处的山坡上有一大片牡丹花田。

tā men pǎo guò qù zǐ xì qiáo mǔ dan huā yǒu fěn de hóng de bái de zǐ de piàoliang jí la yī zhèn wēi fēng chuī lái
他们跑过去仔细瞧，牡丹花有粉的、红的、白的、紫的……漂亮极啦！一阵微风吹来，

mǔ dan huā qīngqīng bǎi dòng huā xiāng suí fēng rù bí zhēn lìng rén xīn kuàng shén yí
牡丹花轻轻摆动，花香随风入鼻，真令人心旷神怡。

※ 初候：萍始生 ※

谷雨到来，水温升高，水面上长出了浮萍。浮萍是一种水生植物，喜欢温暖的气候和潮湿的环境，忌严寒。

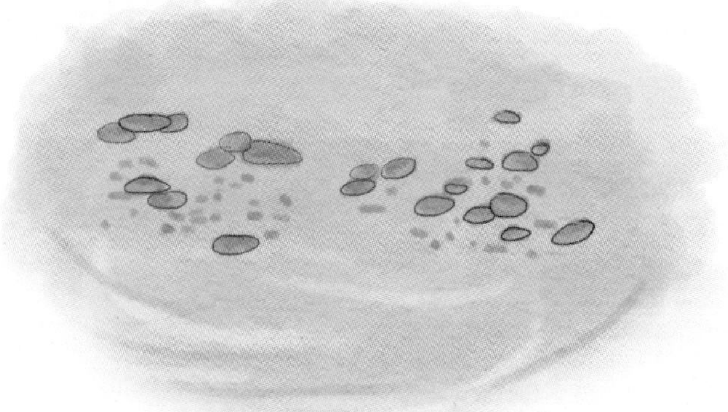

※ 二候：鸣鸠拂其羽 ※

布谷鸟一边“布谷布谷”地鸣叫，一边拂动着羽毛，像是提醒人们开始播种了。

※ 三候：戴胜降于桑 ※

戴胜是一种漂亮的小鸟，常在地面觅食，平时很少在树上活动。谷雨时节，戴胜会飞到桑树上繁殖、喂雏。

谷雨三候

初候，萍始生

二候，鸣鸠拂其羽

三候，戴胜降于桑

wài gōng sòng gěi tè tè hé fēi fēi yī gè shén mì de hé zi dǎ kāi hé
外公送给特特和菲菲一个神秘的盒子。打开盒
zi lǐ miàn yǒu jǐ tiáo bái sè de chóng zi fēi fēi xià le yī tiào
子，里面有几条白色的“虫子”，菲菲吓了一跳。

zhè shì cán tè tè shuō
“这是蚕！”特特说。

shén me shì cán fēi fēi wèn
“什么是蚕？”菲菲问。

cán zhǎng dà le jiù huì tǔ sī zuò jiǎn cán tǔ de sī kě yǐ zuò chéng yī
“蚕长大了就会吐丝、作茧。蚕吐的丝可以做成衣
fu tè tè shuō cán chī sāng yè wǒ men qù cǎi yī xiē sāng yè ba
服。”特特说，“蚕吃桑叶，我们去采一些桑叶吧。”

※ 饮茶 ※

谷雨时节，温度适中，雨量充沛，使得茶树芽叶肥硕，色泽翠绿。据说喝了谷雨这天的茶能清火、明目，所以，南方有谷雨当天摘茶、饮茶的习俗。

※ 吃香椿 ※

香椿，指香椿树的嫩芽。谷雨前后是香椿上市的时节。香椿的吃法很多，如做成饺子、包子的馅料，也可切碎炒鸡蛋，或者蘸面糊煎着吃……醇香爽口，营养价值很高。

※ 谷雨贴 ※

谷雨贴，属于年画的一种，上面刻绘神鸡捉蝎、天师除五毒形象等。谷雨以后气温升高，病虫害进入繁衍高峰期，一些地区的人们会张贴谷雨帖，寄托查杀害虫、盼望丰收、安宁的心理。

※ 游戏乐园 ※

请你猜猜上面一排物体从哪里来？从下面一排物体中找出来，并用线连起来吧。

茶水

雨水

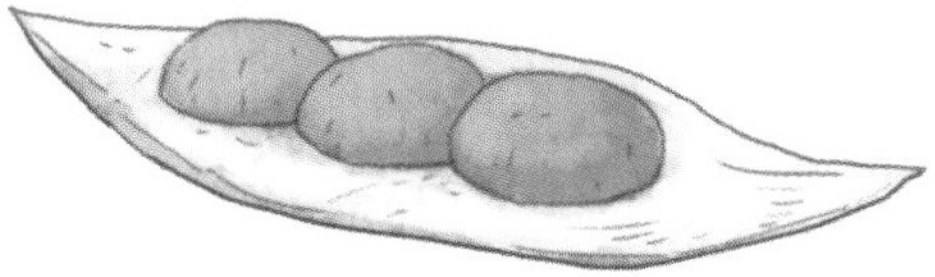

清明果

鹌鹑

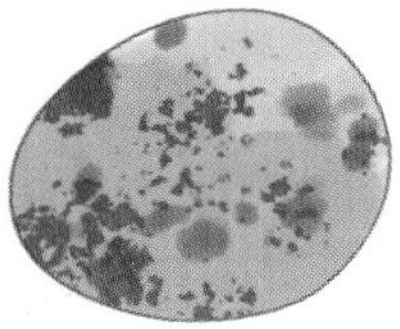

鹌鹑蛋

糯米粉、艾草

茶叶、水

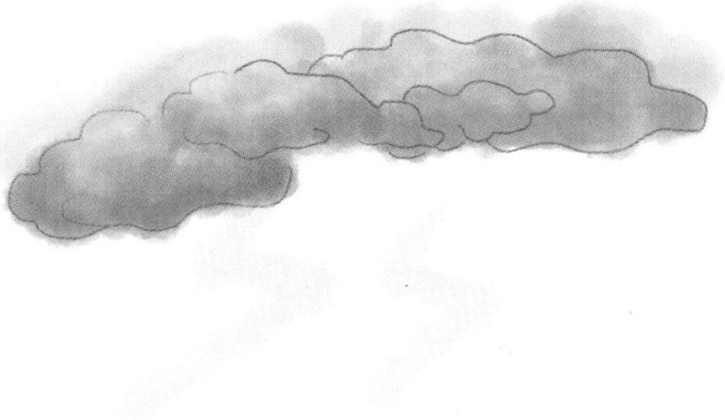

积雨云

※ 游戏乐园 ※

请你带特特穿过迷宫找到菲菲，并说出沿路所经过的图案名称。

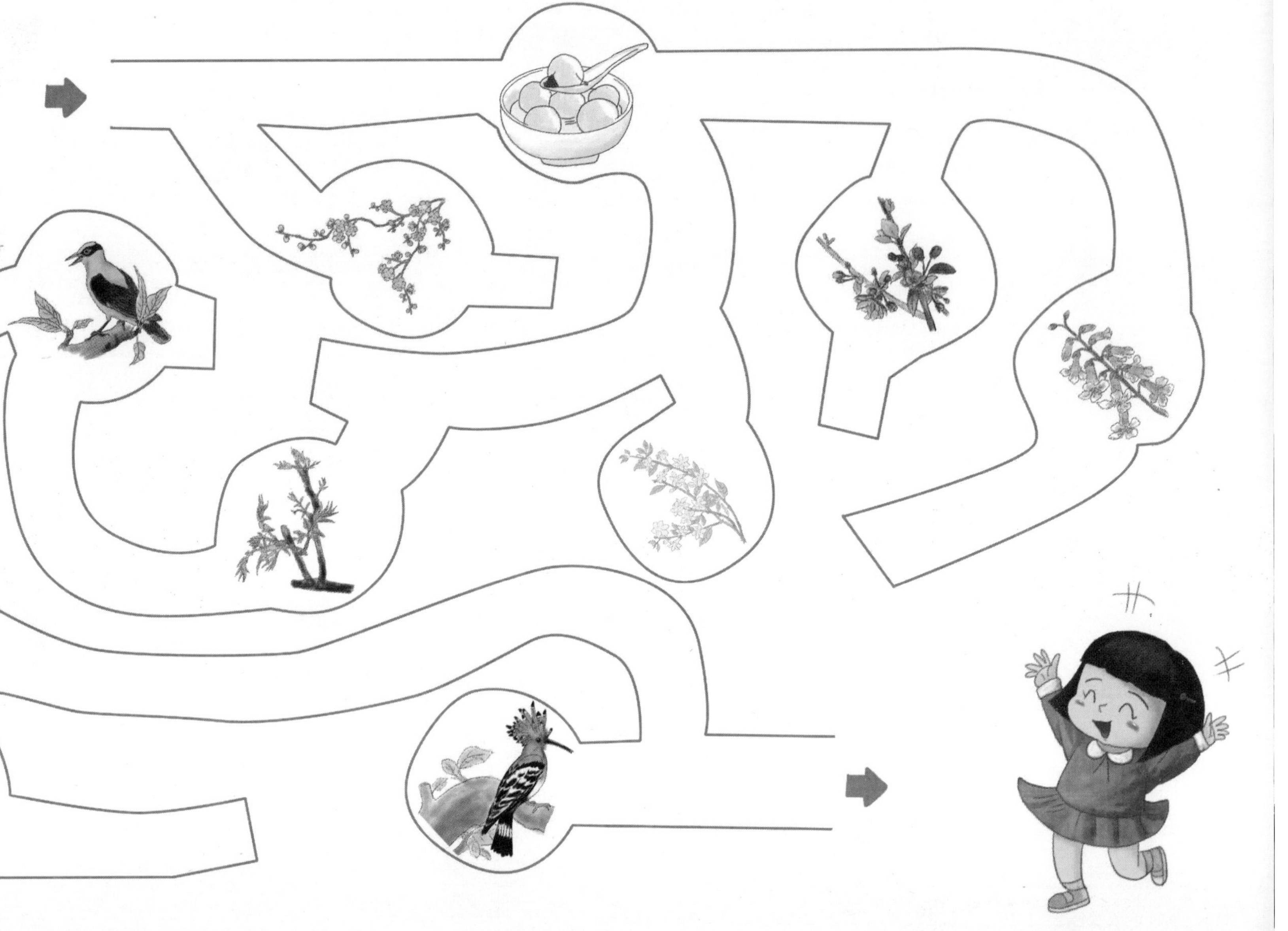